런런 옥스퍼드 수학

KB130629

6권

시간과 화폐

안녕!
나는 틱톡이야.

내 이름은
파운드야.

차례

 동그라미 하기

 색칠하기

 수 세기

 그리기

 스티커 붙이기

 선 잇기

 놀이하기

 쓰기

시와 분

 오전 시각을 나타내는 시계예요. 더 빠른 시각에 ◯표 하세요.

나는 항상 일찍 일어나!

나는 늦게 일어나.

글을 읽고 시각에 맞게 시곗바늘을 그리세요.

4시의 2시간 뒤는 6시야. 파티는 6시에 끝났어.

시몬의 생일 파티는 4시에 시작해서 2시간 뒤에 끝났어요.

파티가 끝난 시각은 몇 시인가요?

영화가 2시 30분에 시작해서 1시간 30분 뒤에 끝났어요.

영화가 끝난 시각은 몇 시인가요?

한나는 30분 동안 컴퓨터를 하고 3시 30분에 끝냈어요.

컴퓨터를 시작한 시각은 몇 시인가요?

잘했어!

샬럿은 1시간 동안 수영을 했고, 집까지 오는 데 30분이 걸려서 2시에 집에 도착했어요.

수영을 시작한 시각은 몇 시 몇 분인가요?

칭찬 스티커를 붙이세요.

3

문제를 다 푼 다음, 32쪽으로!

시간과 하루

시간의 단위를 이용해서 시간을 계산해 봐.

시간의 단위		
하루	=	24시간
1시간	=	60분
1시간의 반	=	30분
1분	=	60초

 시간이 같은 것끼리 선으로 이으세요.

2시간   180분

30분   120분

3시간   1시간의 반

4시간   240분

2일   72시간

3일   48시간

24시간   하루

시간을 계산하고 더 긴 시간 쪽의 ⬚ 안을 색칠하세요.

 시간을 분으로 바꾸면 쉽게 비교할 수 있어.

■ 300분　　　⬚ 2시간 30분 = _150_ 분

$$60 + 60 + 30 = 150$$

⬚ 6시간 = _____ 분　　　⬚ 250분

___ + ___ + ___ + ___ + ___ + ___ = ___

⬚ $3\frac{1}{2}$일 = _____ 시간　　　⬚ 30시간

$$24 + 24 + 24 + 12 = \underline{\hspace{2cm}}$$

 '일'은 시간으로 바꾸면 쉽게 비교할 수 있어.

⬚ 60시간　　　⬚ 2일 = _____ 시간

___ + ___ = ___

 시간 비교하기 놀이

텔레비전 프로그램 편성표를 보고, 가장 좋아하는 프로그램이
방송되는 시간을 알아보세요.
30분보다 더 오랫동안 방송되는 프로그램을 찾을 수 있나요?
가장 좋아하는 영화는 몇 시간 또는 몇 분 동안 방송되는지 알아보세요.

태어나서 지금까지 몇 달을 살았나요?
계산기를 이용해서 시간을 계산해 보세요.

칭찬 스티커를
붙이세요.

5

문제를 다 푼 다음, 32쪽으로!

시간의 순서

 시간의 순서에 맞도록 빈 곳에 알맞은 스티커를 붙이세요.

| 5분 | 40분 | | 1시간 | 12시간 | 1일 |

40분보다는 길고, 1시간보다는 짧은 시간을 생각해 보자.

| 15분 | | 45분 | 1시간 | 2시간 | 24시간 |

| 5분 | 20분 | 30분 | 1시간 | 24시간 | |

| 30분 | 1시간 | | | 120분 | 3일 |

| 20분 | 45분 | 60분 | | 24시간 | 2일 |

| | 1시간 | 300분 | 12시간 | 1일 | 1주 |

알맞은 시각을 나타내는
시계에 ○표 하세요.

나는 7시에 일어나.
그리고 30분 뒤에 아침을 먹어.
그 시각은 7시 30분이야.

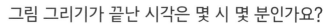

에바는 1시부터
그림을 그렸어요.

그림 그리기가 끝난 시각은 몇 시 몇 분인가요?

30분 뒤에 끝났어요.

무하마드는 10시부터
책을 읽었어요.

책 읽기가 끝난 시각은 몇 시 몇 분인가요?

30분 뒤에 끝났어요.

미카엘은 4시 30분부터
자전거를 탔어요.

자전거 타기가 끝난 시각은 몇 시 몇 분인가요?

1시간 뒤에 끝났어요.

 마야가 블록 쌓기를 시작한
시각에 맞게 시곗바늘을 그리세요.

시각을 거꾸로
세야 해.

칭찬 스티커를
붙이세요.

마야는 30분 동안 블록을 쌓았어요.

3시 30분에
끝났어요.

 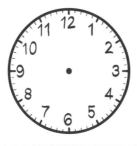 

문제를 다 푼 다음, 32쪽으로!

15분 알기

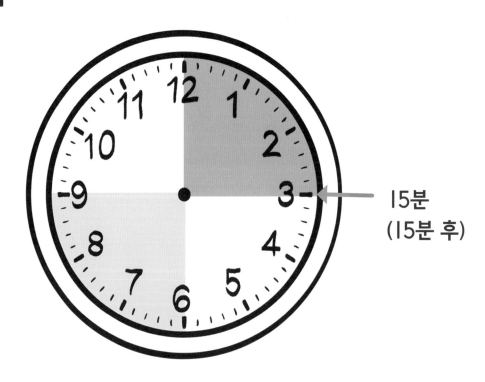

15분
(15분 후)

 15분을 나타내는 시계를 모두 찾아 색칠하세요.

3시 15분이야.
3시 정각에서 15분이
지났다는 뜻이지.

시계를 보고 알맞은 것과 선으로 이으세요.

나는 3시 30분에 차를 마셔.

30분

나는 8시 15분에 케이크를 먹어.

15분

잘했어!

칭찬 스티커를 붙이세요.

시계 찾기 놀이

집과 학교에서 시계를 찾아보세요.
몇 시 15분을 나타내는 시계를 찾아보세요.
6시 15분일 때 시곗바늘은 어디에 있는지 말해 보세요.

문제를 다 푼 다음, 32쪽으로!

45분 알기

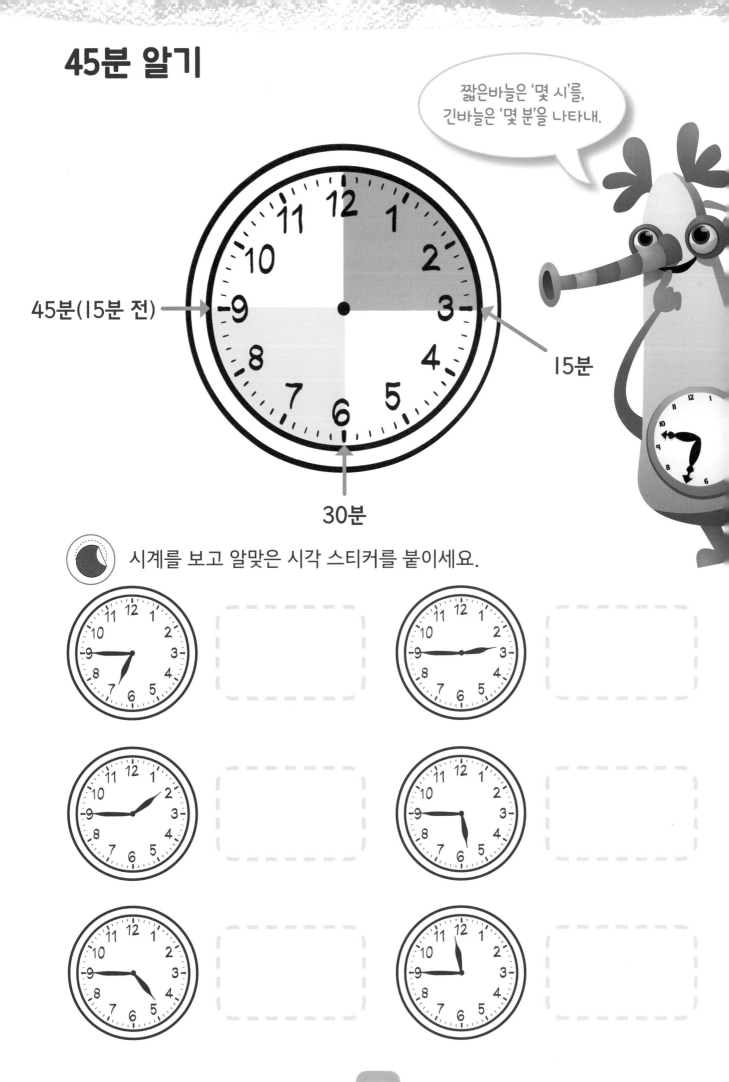

45분(15분 전)

15분

30분

시계를 보고 알맞은 시각 스티커를 붙이세요.

시계가 나타내는 시각을 쓰세요.

6시 45분은 7시 15분 전이라고도 해.
시곗바늘이 7시를 가리키기 전까지
15분 남았다는 뜻이지.

7 시 **15** 분 전

시 분 전

시 분 전

시 분 전

시 분 전

시 분 전

시 분 전

 시계 찾기 놀이

집과 학교에서 시계를 찾아보세요.
시각이 몇 시 15분 전인 시계를 찾아보세요.
6시 15분 전일 때 시곗바늘이 가리키는 숫자를 말해 보세요.

칭찬 스티커를
붙이세요.

문제를 다 푼 다음, 32쪽으로!

시곗바늘 그리기

 시각에 맞게 시곗바늘을 그리세요.

긴바늘이 3을 가리키고,
짧은바늘이 2를 지나도록 그려.

2시 15분

8시 15분

4시 45분

3시 15분 전

6시 15분

11시 45분

글을 읽고 시각에 맞게 시곗바늘을 그리세요.

파운드는 7시 15분에
잠자러 가서 15분 뒤에
잠이 들었어요.

잠이 든 시각은
몇 시 몇 분인가요?

파운드, 가서 자!

마테오는 4시 30분부터
30분 동안 콩을 심었어요.

콩 심기가 끝난 시각은
몇 시인가요?

댄스파티를 3시 30분에
시작해서 1시간 30분 동안 했어요.

댄스파티가 끝난 시각은
몇 시인가요?

잘했어!

레아네 가족은 11시 15분 전에
출발해서 1시간 뒤에 놀이공원에
도착했어요.

놀이공원에 도착한 시각은
몇 시 몇 분인가요?

칭찬 스티커를
붙이세요.

문제를 다 푼 다음, 32쪽으로!

5분씩 뛰어서 세기

 □ 안에 알맞은 수를 쓰세요.

5 10 [   ] 20 [   ] 30 35 [   ] 45 50 [   ] 60

5 10 15 [   ] 25 [   ] 35 40 [   ] 50 55 [   ]

[   ] 10 15 20 [   ] 30 [   ] 40 45 [   ] 55 60

5 [   ] 15 20 25 [   ] 35 [   ] 45 50 55 60

 시각을 5분씩 뛰어서 세어 보세요.
앞으로 세고, 거꾸로도 세어 보세요.

5단 곱셈구구가
기억나니?

시계의 긴바늘이
가리키는 숫자가
1이면 5분, 2면 10분,
3이면 15분을 나타내.

14

5분씩 뛰어서 세어 보세요.

 숫자를 가리키는 눈금에 ○표 하고,
⬜ 안에 알맞은 수를 쓰세요.

긴바늘이 가리키는
숫자가 1씩 커질 때마다
5분씩 늘어나.

5

10

 5씩 뛰어서 세기 놀이

5부터 5씩 뛰어서 세어 보세요. 100 이상의 수를 셀 수 있나요?
뛰어서 세기 한 수에서 어떤 규칙을 찾았나요?

60부터 5씩 거꾸로 뛰어서 세어 보세요.

칭찬 스티커를
붙이세요.

문제를 다 푼 다음, 32쪽으로!

5분 단위의 시각

긴바늘은 몇 분이
지났는지 알려 주어요.

긴바늘이 1을 가리키면,
5분이 지난 거예요.

지금 시각은
3시 5분이야.

주어진 시각에 알맞은 시계를 색칠하세요.

5시 5분

1시 10분

9시 20분

6시 10분

12시 25분

6시 30분

긴바늘이 6을 지나면
다음 시까지 '몇 분 전'으로
말할 수도 있고,
현재 시에서 '몇 분'으로
말할 수도 있어요.

5시 25분 전.

또는 4시 35분.

시계를 보고 알맞은 시각을 찾아 선으로 이으세요.

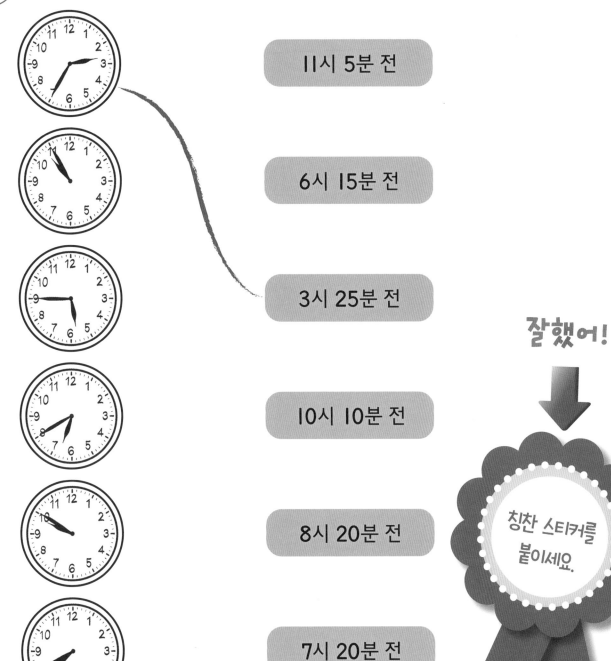

11시 5분 전

6시 15분 전

3시 25분 전

10시 10분 전

8시 20분 전

7시 20분 전

잘했어!

칭찬 스티커를
붙이세요.

17

문제를 다 푼 다음, 32쪽으로!

5분 단위의 시곗바늘

 시각에 맞게 시곗바늘을 그리세요.

2시 25분을 나타내려면:

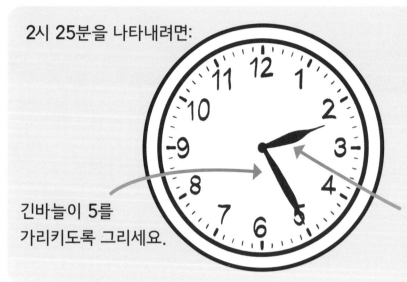

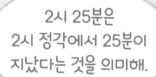

2시 25분은
2시 정각에서 25분이
지났다는 것을 의미해.

긴바늘이 5를
가리키도록 그리세요.

짧은바늘이 2와 3사이에
있도록 그리세요.

2시 25분

3시 10분 전

8시 5분

6시 10분

5시 20분 전

12시 5분 전

글을 읽고 시각에 맞게 시곗바늘을 그리세요.

파운드, 목욕하자!

파운드는 7시 15분에 자러 가기 전에
10분 동안 목욕을 했어요.

목욕을 시작한 시각은
몇 시 몇 분인가요?

벤은 3시 10분부터 30분 동안
해바라기씨를 심었어요.

씨를 다 심은 시각은
몇 시 몇 분인가요?

영화가 10시 25분에 시작해서 $1\frac{1}{2}$ 시간 뒤에
끝났어요.

영화가 끝나는 시각은
몇 시 몇 분인가요?

잘했어!

칭찬 스티커를
붙이세요.

리암은 4시 20분 전에 럭비 연습을 시작했어요.
집에서 경기장까지 오는 데 15분이 걸렸어요.

집에서 나온 시각은
몇 시 몇 분인가요?

문제를 다 푼 다음, 32쪽으로!

금액 알기

 모두 얼마인지 세어 ⬜ 안에 쓰세요.

동전을 금액이 큰 순서대로 놓은 다음 더해 봐.
500원 + 100원 = 600원,
600원 + 10원 = 610원.

   610 원

     ⬜ 원

     ⬜ 원

      ⬜ 원

      ⬜ 원

     ⬜ 원

다음 금액만큼 되도록 동전을 ○로 묶으세요.

금액이 큰 동전부터 더해서 세어 봐!

740원

530원

850원

920원

660원

750원

990원

 화폐 놀이

500원짜리 동전 2개, 100원짜리 동전 8개, 50원짜리 동전 4개 그리고 10원짜리 동전 10개로 1000원을 만드는 방법은 모두 몇 가지일까요? 500원짜리 동전 2개로 만들 수 있고, 500원짜리 동전 1개와 100원짜리 동전 5개로 만들 수도 있어요. 다양한 방법으로 만들어 보세요.

칭찬 스티커를 붙이세요.

금액 알기

모두 얼마인지 세어 알맞은 금액에 ◯표 하세요.

50원짜리 동전은 50씩 뛰어 세고, 10원짜리 동전은 10씩 뛰어서 세어 봐.

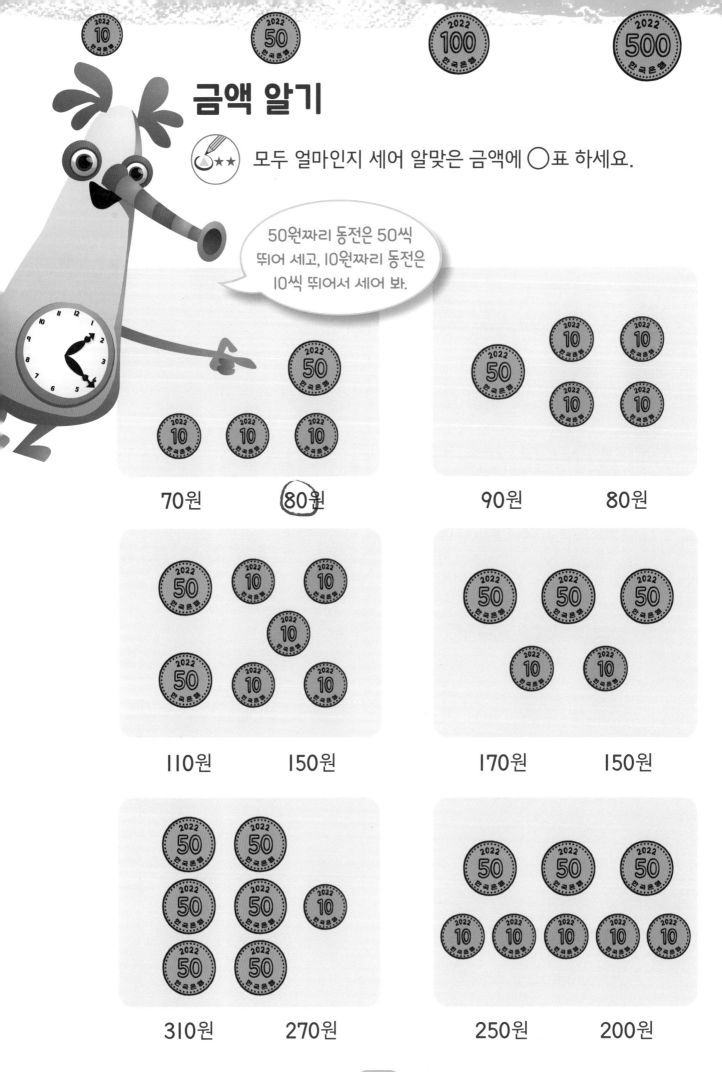

70원   80원   90원   80원

110원   150원   170원   150원

310원   270원   250원   200원

모두 얼마인지 세어 ◯ 안에 쓰세요.

금액이 큰 동전부터 순서대로 더해 봐.

     710 원

 ⬜ 원

   ⬜ 원

  ⬜ 원

⬜ 원

   ⬜ 원

칭찬 스티커를 붙이세요.

 저금통 놀이

집에 저금통이 있나요? 돈이 얼마나 많이 들어 있나요?
저금통 안에 든 돈이 얼마인지 세어 보세요.

문제를 다 푼 다음, 32쪽으로!

같은 금액 알기

 모두 얼마인지 세어 ◯ 안에 쓰세요.

 같은 금액끼리 선으로 이으세요.

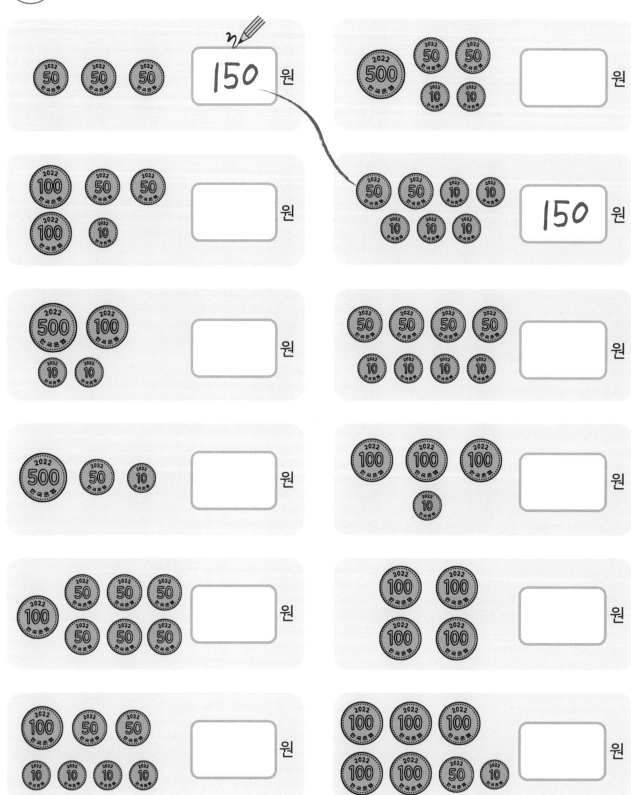

과일을 사려면 얼마가 필요한지 ◯ 안에 쓰세요.

과일 가게

500원 파인애플	200원 배	300원 바나나
	250원 오렌지	150원 사과

나는 바나나가 좋아.

사과 1개, 바나나 2개.	$150 + 300 + 300$	=	750	원
오렌지 1개, 배 2개.		=		원
파인애플 1개, 사과 2개.		=		원
배 3개, 사과 1개.		=		원
바나나 1개, 오렌지 2개.		=		원
파인애플 1개, 오렌지 1개.		=		원

 과일 가게 놀이

과일 그림이 그려진 카드를 여러 장 준비하세요. 과일 가게 놀이를 하면서 가족과 친구들에게
과일을 팔아 보세요. 과일의 가격을 정한 후 실제 동전을 사용하여 알맞은 가격만큼 동전을
주고받으세요.

물건값 더하기

 모두 얼마인지 빈칸에 식을 쓰고,
알맞은 금액에 ○표 하세요.

가격표

크림빵	150원
도넛	300원
브라우니	350원
컵케이크	250원
레몬케이크	450원
쿠키	400원
초코케이크	500원
건포도빵	200원
콘플레이크케이크	100원

나는 간식이 좋아!
그중에서 내가 가장 좋아하는
간식은 크림빵이야.

크림빵 1개와
건포도빵 2개를 샀어요.

$150 + 200 + 200$

650원 　　(550원)　　 500원

도넛 1개와
레몬케이크 1조각을 샀어요.

900원　　　800원　　　750원

초코케이크 1조각과
콘플레이크케이크 3조각을 샀어요.

900원　　　800원　　　700원

브라우니 1개와
컵케이크 2개를 샀어요.

800원　　　750원　　　850원

쿠키 2개와
콘플레이크케이크 1조각을 샀어요.

900원　　　950원　　　800원

건포도빵 3개와
브라우니 1개를 샀어요.

850원　　　900원　　　950원

글을 읽고 알맞은 음식들을 찾아 색칠하세요.

무엇을 살 거야?

값을 합하면 350원이 되는 두 음식에
색칠하세요.

크림빵
150원

컵케이크
250원

건포 도빵
200원

값을 합하면 600원이 되는 두 음식에
색칠하세요.

콘플레이크
케이크
100원

브라우니
350원

컵케이크
250원

값을 합하면 650원이 되는
두 음식에 색칠하세요.

쿠키
400원

건포 도빵
200원

레몬케이크
450원

값을 합하면 700원이 되는
두 음식에 색칠하세요.

  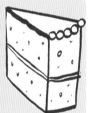

건포 도빵
200원

도넛
300원

초코케이크
500원

값을 합하면 450원이 되는
두 음식에 색칠하세요.

크림빵
150원

컵케이크
250원

도넛
300원

값을 합하면 550원이 되는
두 음식에 색칠하세요.

크림빵
150원

브라우니
350원

건포 도빵
200원

칭찬 스티커를
붙이세요.

27

문제를 다 푼 다음, 32쪽으로!

남은 돈 계산하기

 쓰고 남은 돈을 ◯ 안에 쓰세요.

가진 돈이 2000원이에요.
먼저 범퍼카를 타려고
300원을 냈어요.

[1700] 원

남은 돈은 1700원이에요.
다음으로 코코넛 맞히기를 하고
200원을 냈어요.

[   ] 원

남은 돈으로 꼬불꼬불 미끄럼틀을
타고 200원을 냈어요.

[   ] 원

남은 돈으로 장난감 뽑기를 했어요.
1번에 100원으로 모두 4번을 뽑았어요.

[   ] 원

이번에는 회전 컵을 탔어요.
300원을 냈어요.

[   ] 원

솜사탕을 1개 사서 먹었어요.
솜사탕은 100원이에요.

[   ] 원

 ★★ 처음 돈에서 물건을 사고 남은
돈은 얼마인지 찾아 ◯표 하세요.

난 용돈을 거의 다 썼어.
너는 얼마 남았니?

피터의 저금통에는 1200원이 들어 있었어요. 500원짜리 로봇 스티커를 사고 남은 돈은 얼마인가요?

800원   (700원)   900원   600원

엘렌은 2000원을 가지고 있었어요. 200원짜리 유니콘 열쇠고리를 사고 남은 돈은 얼마인가요?

1900원   1600원   1800원   1700원

로버트는 용돈으로 2800원을 모았어요. 곰 인형을 사려고 1600원을 쓰면 저금통에 넣을 수 있는 돈은 얼마인가요?

1200원   1500원   1400원   1100원

헬렌은 1100원을 모았어요. 저글링 공을 사려고 400원을 쓰면 남은 돈은 얼마인가요?

800원   700원   600원   900원

찰리의 저금통에는 2500원이 들어 있었어요. 1700원짜리 장난감 스쿠터를 사고 남은 돈은 얼마인가요?

600원   900원   400원   800원

칭찬 스티커를 붙이세요.

스테이시는 장난감 자동차를 사려고 3800원을 모았어요. 장난감 자동차의 가격은 2000원이에요. 장난감 자동차를 사고 남은 돈은 얼마인가요?

1800원   1700원   2000원   1900원

문제를 다 푼 다음, 32쪽으로!

거스름돈 계산하기

 500원을 내고 받는 거스름돈을 구하세요.

 거스름돈에 알맞게 동전을 그리세요.

> 과일을 살 때마다
> 500원에서 과일값만큼
> 빼야 한다는 걸 기억해!

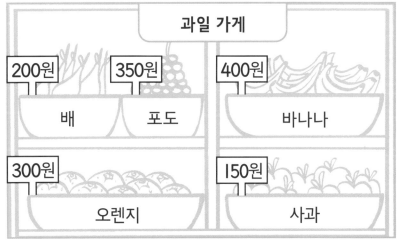

과일 가게

200원	350원	400원
배	포도	바나나

300원	150원
오렌지	사과

사과 1개를 사요.
500원에서 얼마 남나요?

$$500 - 150 = 350$$

오렌지 1개를 사요.
500원에서 얼마 남나요?

바나나 1개를 사요.
500원에서 얼마 남나요?

배 1개를 사요.
500원에서 얼마 남나요?

포도 1송이를 사요.
500원에서 얼마 남나요?

사과 1개와 오렌지 1개를 사요.
500원에서 얼마 남나요?

다음 문제를 풀고 ◯ 안에 알맞은 수를 쓰세요.

제임스가 사탕 가게에 갔어요.
점원에게 2000원을 주고,
거스름돈으로 300원을 받았어요.
제임스는 얼마를 썼나요?

 **1700** 원

나는 거스름돈을 좋아해.
원하는 것을 사려면
돈을 모아야 하니까 항상
거스름돈을 저금통에
넣어 둬.

자넷은 채소 가게에 갔어요.
가게 주인에게 1000원을 주고,
거스름돈으로 700원을 받았어요.
자넷은 얼마를 썼나요?

 원

칼은 2000원이 있었어요.
친구와 영화관에 가서 표 2장을
사고 남은 돈은 600원이에요.
영화표 1장의 가격은 얼마인가요?

 원

칼리는 1900원이 있었어요.
서점에서 만화책을 사고 1700원이
남았어요. 만화책의 가격은 얼마인가요?

원

잘했어!

새머는 아이스크림 2개를 사고
1000원을 냈어요. 가게 주인은
거스름돈으로 600원을 주었어요.
아이스크림 1개의 가격은 얼마인가요?

 원

칭찬 스티커를
붙이세요.

아빠는 쿠키를 사고, 가게 주인에게
2000원을 주었어요. 가게 주인은
거스름돈으로 500원을 주었어요.
쿠키의 가격은 얼마인가요?

 원

문제를 다 푼 다음, 32쪽으로!

나의 실력 점검표

 얼굴에 색칠하세요.

쪽	나의 실력은?	스스로 점검해요!		
2~3	시와 분을 비교하고 시간을 계산할 수 있어요.	😊	😐	🙁
4~5	시, 분, 하루의 시간을 비교할 수 있어요.	😊	😐	🙁
6~7	시간을 순서대로 배열할 수 있어요.	😊	😐	🙁
8~9	15분을 알아요.	😊	😐	🙁
10~11	45분을 알아요.	😊	😐	🙁
12~13	15분 후와 15분 전을 시곗바늘로 그릴 수 있어요.	😊	😐	🙁
14~15	시각을 5분 단위로 셀 수 있어요.	😊	😐	🙁
16~17	시각을 5분 단위로 말할 수 있어요.	😊	😐	🙁
18~19	5분 단위로 시곗바늘을 그릴 수 있어요.	😊	😐	🙁
20~23	동전을 세어 모두 얼마인지 알 수 있어요.	😊	😐	🙁
24~27	돈을 사용한 덧셈 문제를 풀 수 있어요.	😊	😐	🙁
28~29	돈을 사용한 뺄셈 문제를 풀 수 있어요.	😊	😐	🙁
30~31	거스름돈을 구할 수 있어요.	😊	😐	🙁

나와 함께 한 공부 어땠어?

정답

2~3쪽

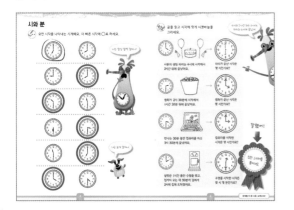

4~5쪽

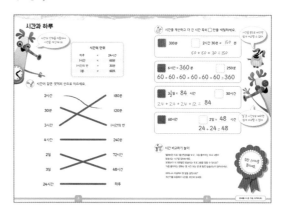

6~7쪽

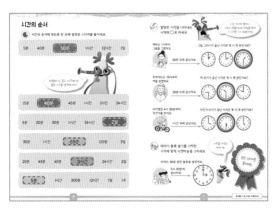

8~9쪽

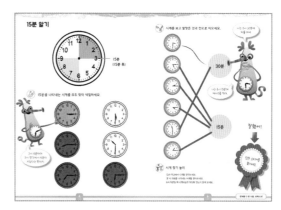

10~11쪽

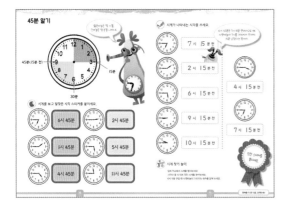

12~13쪽

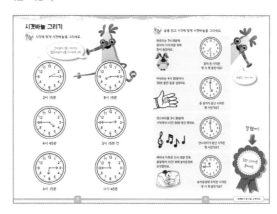

14~15쪽

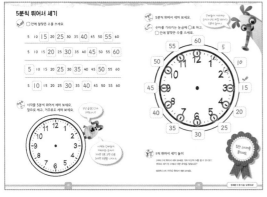

16~17쪽

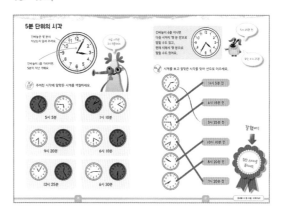

*아이가 5분씩 뛰어서 세는 것을 확인해 주세요.

18~19쪽

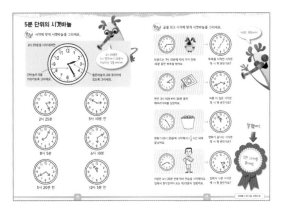

20~21쪽

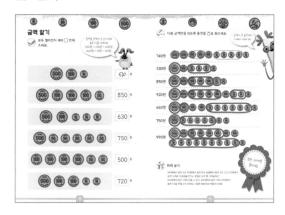

22~23쪽

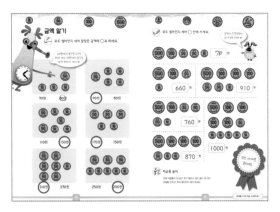

24~25쪽

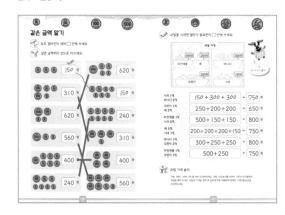

26~27쪽

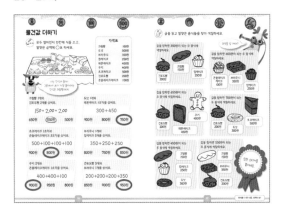

28~29쪽

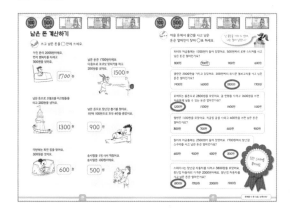

30~31쪽

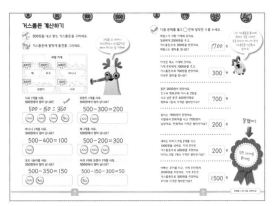

정리 노트

런런 옥스퍼드 수학

3-6 시간과 화폐

초판 1쇄 발행 2022년 12월 6일

글·그림 옥스퍼드 대학교 출판부 **옮김** 상상오름

발행인 이재진 **편집장** 안경숙 **편집 관리** 윤정원 **편집 및 디자인** 상상오름

마케팅 정지운, 김미정, 신희용, 박현아, 박소현 **국제업무** 장민경, 오지나 **제작** 신홍섭

펴낸곳 (주)웅진씽크빅

주소 경기도 파주시 회동길 20 (우)10881

문의 031)956-7403(편집), 02)3670-1191, 031)956-7065, 7069(마케팅)

홈페이지 www.wjjunior.co.kr **블로그** wj_junior.blog.me **페이스북** facebook.com/wjbook

트위터 @wjbooks **인스타그램** @woongjin_junior

출판신고 1980년 3월 29일 제406-2007-00046호

원제 PROGRESS WITH OXFORD: MATH

한국어판 출판권 ⓒ(주)웅진씽크빅, 2022 **제조국** 대한민국

ISBN 978-89-01-26528-5
ISBN 978-89-01-26510-0 (세트)

잘못 만들어진 책은 바꾸어 드립니다.

주의 1. 책 모서리가 날카로워 다칠 수 있으니 사람을 향해 던지거나 떨어뜨리지 마십시오.

     2. 보관 시 직사광선이나 습기 찬 곳은 피해 주십시오.